Heiko Lindner

Rutschungen in Mitteleuropa

Ursachen, Verbreitung und Gefahrenabwehr

GRIN Verlag

Bibliografische Information der Deutschen Nationalbibliothek:

Die Deutsche Bibliothek verzeichnet diese Publikation in der Deutschen National-
bibliografie; detaillierte bibliografische Daten sind im Internet über http://dnb.d-
nb.de/ abrufbar.

Impressum:

Copyright © 2011 GRIN Verlag GmbH
Druck und Bindung: Books on Demand GmbH, Norderstedt Germany
ISBN: 978-3-656-10013-3

Dieses Buch bei GRIN:

http://www.grin.com/de/e-book/186905/rutschungen-in-mitteleuropa

RWTH Aachen
03. Oktober 2011
Geographisches Institut
Hauptseminar „Mensch-Umwelt-Probleme"
Wintersemester 2011/12
Hausarbeit

Rutschungen in Mitteleuropa

Ursachen, Verbreitung und Gefahrenabwehr

Heiko Lindner

Inhalt

1 Einleitung

> „Nach einem Erdrutsch bei heftigen Regenfällen ist in Rheinland-Pfalz ein Intercity mit etwa 800 Menschen an Bord am Sonntag entgleist."

Meldungen wie diese vom 12.09.2011 auf stern.de finden sich sehr häufig in den Medien.

Oftmals beschränken sie sich jedoch auf Schreckensmeldungen über Erdrutsche von gewaltigem Ausmaß mit unzähligen Toten und Verletzten im Ausland; häufig in Schwellen- oder Entwicklungsländern. Dadurch wird der Fokus auf andere, weit entfernte Teile der Welt gelenkt. Die Gefahr ist weit weg. Zudem induziert die Tatsache, dass es sich um weniger entwickelte Länder handelt, Spekulationen über mögliche Planungsfehler, unpassende Bauweise oder unkontrollierte Siedlungstätigkeit.

Dennoch zeigen Meldungen wie die obenstehende, dass es auch in Mitteleuropa und damit auch in Deutschland immer wieder zu Rutschungen kommt.

Dass es sich hierbei nicht nur um solche kleinen Phänomene handelt, zeigen diverse Beispiele mit unterschiedlicher Intensität, Art und Größe in der Neuzeit. Ist das originäre Verbreitungsgebiet das Hochgebirge, so werden Rutschungen auch in den Mittelgebirgen häufiger. Eine Gefahr ist also in Mitteleuropa, insbesondere im Alpenraum, aber auch, wie das oben genannte Beispiel zeigt, im Mittelgebirgsraum präsent.

Es handelt es sich hierbei um Abtragungsprozesse, die überwiegend gravitativ, häufig unter der Anwesenheit von Wasser - jedoch nicht fluvial – ablaufen. Sie werden daher unter gravitative Massenbewegungen zusammengefasst.

Obwohl der Titel der Arbeit „Rutschungen in Mitteleuropa" dahin verleitet, lediglich die Bewegungsart „Rutschen" zu behandeln, so wurde schon zu Beginn der Bearbeitung deutlich, dass bei vielen Ereignissen mehrere Bewegungsarten eine Rolle spielen. Ein vorhergehendes Ereignis kann u.U. eines mit einem völlig anderen Prozessablauf auslösen oder vorbereiten. Daher wurde in dieser Arbeit das in der englischen Literatur für gravitative Massenbewegungen Synonym verwendete *landslide,* als Anhalt genutzt und deshalb verschiedene in zusammenhangstehende Massenbewegungen beleuchtet.

Zunächst werden die vier Bewegungsarten Fallen, Kriechen, Fließen und Rutschen angesprochen und beschrieben. Anschließend werden allgemeine Ursachen für Rutschungsereignisse, insbesondere die Hangstabilität behandelt.

Auf die Verbreitung von Rutschungen in Mitteleuropa wird anhand von Beispielen eingegangen.

Abschließend wird die Gefahrenabwehr beschrieben. Hier werden vorbeugende Maßnahmen, wie die Risikoanalyse und -management, bauliche Maßnahmen und Monitoring aufgeführt.

2 Definition und Differenzierung von gravitativen Massenbewegun-gen

Gravitative Massenbewegungen, oder auch Massenschwerebewegungen, sind der
Schwerkraft folgende, also „hangabwärtsgerichtete Verlagerungsvorgänge, die in
schwach geneigtem bis steilem Gelände" (Zepp 2008: 103) erfolgen. Charakteristisch
für Massenbewegungen sind die Bewegung benachbarter Partikel im ursprünglichen
Verband und die oftmals unsortierte Ablagerung des Materials (Zepp 2008: 104).

Im Gegensatz zu anderen geomorphologischen Prozessen ist hierbei jedoch kein
Transportmedium wie Wasser, Wind oder Eis (Gletscher) erforderlich (Zepp 2008: 103
f.).

Massenschwerebewegungen lassen sich nach Geschwindigkeit und Bewegungsmuster
typisieren (Abb. 1). Das Geschwindigkeitsspektrum reicht dabei von weniger als 1 mm/d
bis 100 m/s. Oftmals können verschiedene Parameter in Kombination auftreten was zu
komplexen Bewegungen führt (Zepp 2008: 104 ff.).

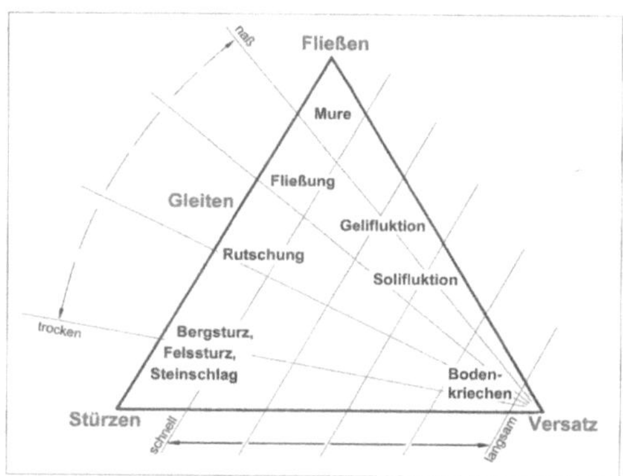

Abb. 1: Typisierung von Massenschwerebewegungen (Quelle: Zepp 2008: 104)

2.1 Sturzdenudation

Bei der Sturzdenudation, landläufig als Steinschlag bekannt, stürzen Teile einer durch Verwitterungsprozesse gelockerten Felswand (Klippe, Kliff) ab und bilden am Fuß der Wand eine, nach der Korngröße sortierte und als Kegel ausgebildete Schutthalde (Dikau et al. 1996: 13). Diese tritt meist an Steinschlagrinnen konzentriert auf. Hier bilden Klüfte und Fugen im Gestein häufig Schwachstellen und zeichnen diese potentiellen Rinnen vor (Dikau et al. 1996: 18 f., Zepp 2008: 107).

Eine weitere Form im wesentlich größeren Maßstab, die nur im Hochgebirge vorkommt, ist der Bergsturz, bei dem innerhalb von Sekunden bis Minuten ganze Bergflanken abreißen und zu Tal stürzen. Sie zeichnen sich durch eine hohe Bewegungsenergie aus, was bei der gleichzeitig großen Masse dazu führt, dass die Bergsturztrümmer (in Tälern) am gegenüberliegenden Unterhang aufgeschüttet werden. Diese Halden sind in der Regel unsortiert (Dikau et al. 1996: 18f., Zepp 2008: 108).

Bei der Sturzdenudation vertretene Bewegungsarten sind das Fallen und Kippen (engl. *fall* bzw. *topple*), die oftmals in einem Prozess gleichzeitig einhergehen oder zeitnah ablaufen (Dikau et al. 1996: 33, Zepp 2008: 107).

Dabei handelt es sich beim Fallen um eine teilweise freie Fallbewegung (Abb. 2) entlang der (senkrechten) Flugbahn des sich bewegenden Materials, mit anschließendem Übergang der Bewegung in Rollen und Springen abhängig von der freigesetzten Bewegungsenergie und der Hangneigung (Dikau et al. 1996: 15).

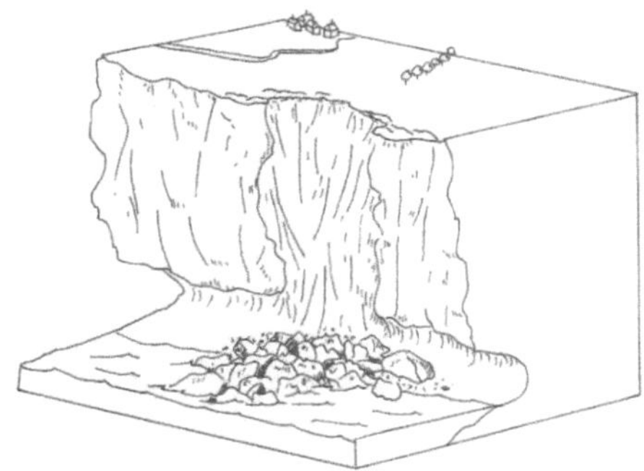

Abb. 2: Bewegungsart Fallen hier an einem durch Erosion unterspültem Hang (Quelle Dikau et al. 1996: 15)

Kippen ist eine Form der Massenbewegung, bei der sich Fels oder Lockermaterial als Block oder einer Art Säule vorwärts rotierend bewegt (Abb. 3). Die Bewegung kann - abhängig von der Geometrie und der Mechanik des Hanges - ein Fallen aber auch ein Rutschen sein, jedoch behält der sich bewegende Block seine Struktur als Ganzes (Dikau et al. 1996: 29). Die Größenordnung einer solchen Kippung reicht von 1 m³ bis hin zu 10^9 m³ (Dikau et al. 1996: 30). Ob ein Block nun rutscht, kippt oder beide Muster in seiner Bewegung vereint hängt von der zugrunde liegenden Mechanik insbesondere von der Hangneigung, vom Reibungswinkel sowie dem Verhältnis der Höhe zur Breite der Basis des Blocks ab.

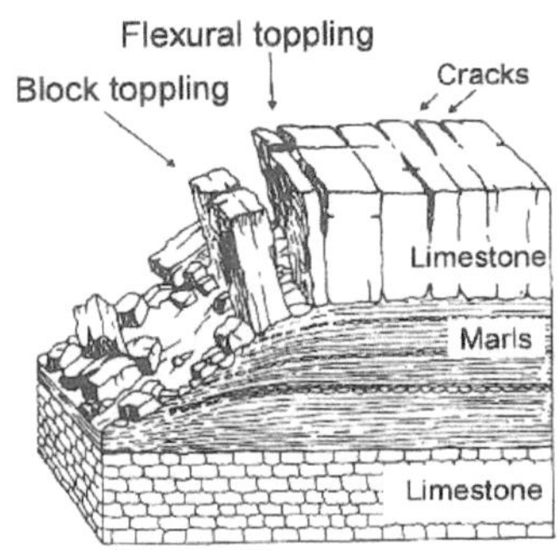

Abb. 3: Bewegungsart "Kippen" (Quelle: Dikau et al. 1996: 31).

2.2 Versatzdenudation

Im Gegensatz zur Sturzdenudation ist die Versatzdenudation oder auch Bodenkriechen ein langsamer Prozess. Dem Bodenkriechen kann Frosthub oder Quellung von Tonmineralen zu Grunde liegen. Dabei wird die Bodenoberfläche angehoben. Taut das Bodeneis auf oder werden die Tonminerale entwässert, schrumpft das Material auf das ursprüngliche Volumen. Die Bodenteilchen erreichen jedoch nicht mehr ihre Ausgangsposition, sondern verlagern sich der Schwerkraft folgend Hangabwärts wie etwa bei der Solifluktion (Zepp 2008:109 f.).

2.3 Fließungen

Fließungen können in verschiedenen Größen (Volumina) und Geschwindigkeiten ablaufen. Zu Ihnen gehören z.B. Schlamm- und Schuttströme (wie Muren) aber auch Sackungen (Dikau et al. 1996: 149 ff.).

Sie entstehen (so vorwiegend bei Muren) durch die Wasserübersättigung des Bodens und zeichnen sich dadurch aus, dass die Kohäsion der Bodenpartikel durch das überschüssige Wasser reduziert wird. Wird dabei die Fließgrenze überschritten, verlagert sich das Material als flüssige Suspension hangabwärts (Zepp 2008: 111 f.). Bei Muren kann der Feststoffanteil bis zu 80% betragen (Fischer 1999: 79). Damit bilden Schlamm-/Schuttströme einen Übergang zwischen fluvialen und gravitativen Prozessen.

Fließungen sind nicht an eine Gleitfläche gebunden (Dikau et al. 1996: 151), was am Beispiel von Muren besonders deutlich wird. Sackungen hingegen können an eine oder mehrere Gleitflächen gebunden sein.

Muren (Schuttströme, debris flows) laufen sehr schnell ab (2 – 45 m/s) (Fischer 1999: 79) und sind lokal begrenzt (Fischer 1999: 78). Durch ihre hohe Geschwindigkeit und das breite Spektrum an Korngrößen - bis hin zu Blöcken - und mit fortgerissenen Baumstämmen (Fischer 1999: 79) bieten sie ein großes Gefahrenpotential insbesondere in besiedelten Arealen (Dikau et al. 1996: 178).

Sackungen oder Talzuschübe sind hingegen langsame Großhangbewegungen. Sie sind großflächig (mehrere km²) und tiefgreifend (> 100 m) (Fischer 1999: 99).

2.4 Rutschungen

Rutschungen bzw. Hangrutschungen, die auf der eigentlichen Bewegungsart „Rutschen" (bzw. Gleiten) basieren, gliedern sich in Rotationrutschungen und Translationsrutschungen. (Dikau et al. 1996: 43 u. 63, Zepp 2008: 110f.). Beide Formen sind an eine Gleitfläche gebunden, jedoch gibt es in ihrer Ausprägung sowie bei dem beteiligten Material signifikante Unterschiede, auf die im Folgenden näher eingegangen wird.

2.4.1 Rotationsrutschungen

Bei Rotationsrutschungen handelt es sich um komplexe Bewegungsmuster, die immer abhängig von einer oder mehreren konkaven aufwärts gekrümmten bzw. löffelförmigen Gleitflächen sind (Dikau et al. 1996: 43 f., Zepp 2008: 111).

Sie werden in einfache, multiple und sukzessive Rutschungen unterschieden. Alle haben vergleichbare Eigenschaften, sodass eine Unterscheidung oft nur schwer möglich ist (Dikau et al. 1996: 43 u. 53). Wichtigste Gemeinsamkeit ist, dass sich die Lagerungsverhältnisse im rutschenden Block nicht oder nur wenig signifikant ändern (Zepp 2008: 110). Dabei rotiert die gesamte Masse um eine hangparallele, quer zur Bewegungsrichtung verlaufende Achse (vgl. Abb. 4) (Zepp 2008: 111).

Der Unterschied der mehrfachen zur einfachen Rotationsrutschung ist das Vorhandensein von zwei oder mehr Gleitflächen innerhalb der rutschenden Einheit (Dikau et al. 1996: 53) ansonsten sind die ablaufenden Prozesse mit denen der einfachen Rotationsrutschung vergleichbar (Dikau et al. 1996: 56).

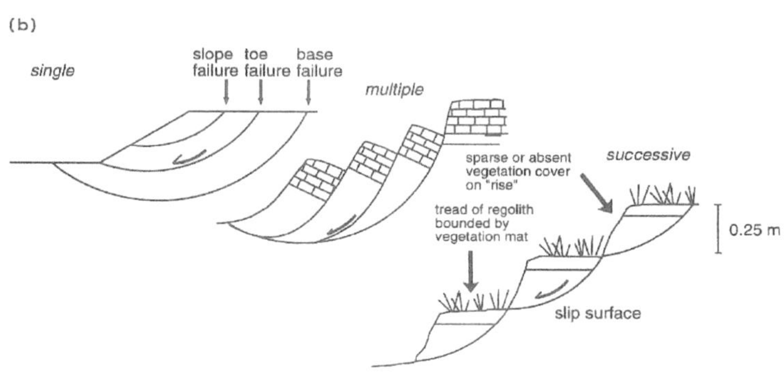

Abb. 4: Einfache und multiple und Rustchungsfolge (verändert nach Dikau et al. 1996: 45)

Sukzessive Rotationsrutschungen bzw. rotationsförmige Rutschungsfolgen sind kleinere, an einem Hang übereinander auftretende Rotationsrutschungen (vgl. Abb. 4).

Die Flächenausdehnung von Rotationsrutschungen kann von nur kleinen Terrassen von wenigen Quadratmetern, bis hin zu Hängen mit einer Fläche von mehreren Hektar reichen (Dikau et al. 1996: 45). Das Geschwindigkeitsspektrum kann sich von wenigen Zentimetern pro Jahr über einige Meter pro Monat bis hin zu hohen Geschwindigkeiten von mehreren Metern pro Sekunde erstrecken (Dikau et al. 1996: 50).

Verantwortlich für die Auslösung von Rotationsrutschungen ist das Vorhandensein von mächtigem Regolith oder Moränenablagerungen in Zusammenhang mit unzureichender, festigender Vegetation, im Falle von Boden- und Schuttrutschungen. Bei Felsrutschungen bedarf es stark zerklüfteten und brüchigen Materials oder eines Wechsels von Fest- und Lockergestein mit unterschiedlicher Wasserdurchlässigkeit und Festigkeitseigenschaften und eines Grundgesteins mit horizontalen Schichtflächen (Dikau et al. 1996: 49 f.).

2.4.2 Translationsrutschungen

Translationsrutschungen sind Gleitungen bzw. Rutschungen im engeren Sinne. Auf einer vorgeprägten Gleitfläche (wie etwa einer Schichtgrenze) rutscht hierbei die Rutschmasse geradlinig herab (Dikau et al. 1996: 67, Zepp 2008: 110 f.). Begünstigt wird eine solche Rutschung durch eine Schichtung verschiedener Materialien mit scharfer Trennung, wobei diese Schichten in Richtung des „freien" Hanges einfallen müssen (Dikau et al. 1996: 72). Als zweiter wichtiger Auslöser ist anzunehmen, dass der Hang entlastet (durch natürliche Denudation oder durch Baumaßnahmen) oder der Hangfuß durch Unterschneidung (natürlich oder anthropogen) geschwächt werden muss (ebd.). Letztendlich muss jedoch der Scherwiderstand durch erhöhten Porenwasserdruck herabgesetzt werden damit die Rutschmasse entlang der Schichtgrenze abrutschen kann (ebd.).

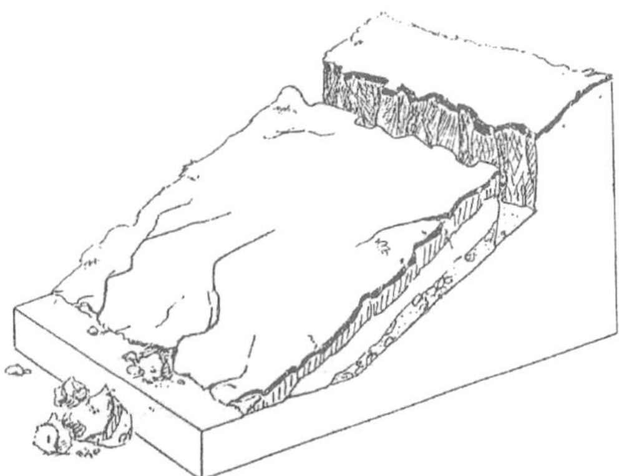

Abb. 5: Schematische Darstellung einer Translationsrutschung (Gasser/Zöbisch 1988: 31)

3 Ursachen

Rutschungen können auf verschiedensten Ursachen basieren. Wichtig ist in jedem Fall die Hangstabilität, die in einer Weise negativ beeinflusst werden muss, um letztendlich eine Rutschung auszulösen, hierzu trägt wiederum die Wassersättigung des Untergrundes massiv bei.

Generell sind eine Reihe verschiedener geologischer, klimatologischer aber auch anthropogener Einflüsse bzw. Faktoren - oft auch unter gleichzeitiger Beteiligung – verantwortlich. Tabelle 1 gibt Auskunft über die Verteilung jener Faktoren.

Tab. 1: Ursachen von Rutschungsereignissen 2007 (global) (eigene Darstellung nach: SAARC 2007: 106).

Ursache	Ereignisse	Opfer
Intensiver Regen	319	2690
Baumaßnahmen	25	101
Berg- & Tagebau	17	53
Erosion	5	23
Erdbeben	5	20
Schneefall	2	9
Vulkanausbruch	1	8
Sonstige	20	113
Summe	*394*	*3017*

3.1 Hangstabilität

Hänge sind stabil, d.h. Massenschwerebewegungen setzen nicht ein, wenn die haltenden Kräfte die treibenden Kräfte übertreffen. Der aus diesen Kräften gebildete „[...] Quotient wird als Sicherheitsfaktor bezeichnet [...]" (Zepp 2008: 104). Für den Sicherheitsfaktor η gilt:

$$\eta = \frac{haltende\ Kraft}{treibende\ Kraft}$$

(Bobe/Hubacek 1983: 240, Zepp 2008: 104).

In diesem Zusammenhang beschreibt ein Sicherheitsfaktor *η = 1* einen stabilen (es besteht ein Kräftegleichgewicht) und *η < 1* einen instabilen Hang; η > 1 bedeutet eine Sicherheitsreserve, die beispielsweise bei bestimmten Hangnutzungen (Auflasten durch Bauvorhaben oder Befahrung mit Maschinen) gefordert wird (Bobe/Hubacek 1983: 240 u. 256, Zepp 2008: 104).

Im Zuge dieser Betrachtung, können vier Kräftegruppen unterschieden und als Vektoren dargestellt werden: dazu gehören die *Gewichtskraft* - also die Masse eines Bodenpartikels, Blocks o.ä. – sowie die Auflagerkräfte, also jene Kräfte, die durch die Masse eines überlagernden Partikels entstehen - der *Strömungsdruck*, der seitlich, hangparallel angreifend, durch Wasser und durchströmende Luft entsteht, die *Kohäsions- und*

Adhäsionskräfte und die *Scherspannung* (Zepp 2008: 105). Letztere wirkt hangparallel abwärts (Zepp 2008: 106).

Für ebene Gleitflächen gilt beispielsweise das *Coulomb'sche Gesetz*. Es „formuliert die Grenzscherspannung r_f , die erreicht werden muß, bevor Material gravitativ in Bewegung gerät (abrutscht)" (ebd.):

$$r_f = c + (\sigma - u)\tan\varphi$$

(Zepp 2008: 106)

mit: c = Kohäsion [N/cm²]

φ = Winkel der inneren Reibung

σ = Druck- bzw. Normalspannung [N/cm²]

u = Porenwasserdruck [N/cm²]

Daraus ergibt sich, dass ein Hang instabiler wird, je steiler er ist, umso kleiner die innere Reibung ist und je geringer die Kohäsion ist (ebd.).

3.2 Beitrag des Bodens zur Hangstabilität

Als wichtige Eigenschaften des Bodens/Untergrunds mit Einfluss auf die Hangstabilität sollen hier die innere Reibung, die Kohäsion des Bodens, in beiden Fällen also seine Zusammensetzung nach Korngrößen, aber auch Form der einzelnen Körner, sowie die Wasserpermeabilität Beachtung finden.

Tabelle 2 zeigt dazu einen Ausschnitt aus der DIN 1055-1:2002-06 über Böschungswinkel, die Lockermaterial erreicht, wenn es trocken, lose aufgeschüttet wird, und somit eine stabile Lagerung erreicht (Zepp 2008: 106).

Tab. 2: Wichte und Böschungswinkel von Sand und Kies nach DIN 1055-1:2002-06 (verändert nach Schmidt 2007: 2-15).

Zeile	Gegenstand	Wichte in kN/m³	Böschungswinkel in °
20	Kies und Sand, trocken oder erdfeucht; bei nasser Schüttung (nicht unter Wasser) Erhöhung um 2 kN/m³	18,00	35

Dabei erreicht das Material, da es trocken und somit kohäsionslos aufgeschüttet wird, seine stabile Lagerung allein durch die Korngrößen (und damit dem Gewicht der einzelnen Partikel) sowie der Form der Körner, also durch die innere Reibung (Gasser/Zöbisch 1988: 12, Zepp 2008: 106). Selbstverständlich ist dabei die Reibung bei eckigen Partikeln größer als bei Runden (Zepp 2008: 106).

Die Kohäsion des Bodens hängt ebenso von der Korngröße ab. Korngrößen über 0,02 mm, also Sande, Kiese und größer, gelten als nicht bindig. Kleinere Korngrößen gelten als bindig. Die Kohäsion hängt sowohl vom Wassergehalt und der Kapillarität sowie des Gehalts an Tonen, Schluff sowie Humus ab (Gasser/Zöbisch 1988: 12).

Auf Grund der unterschiedlichen Horizontierung der Böden und damit der unterschiedlichen Permeabilität, kann Wasser nur sehr differenziert versickern und abfließen. Entlang von stauenden Horizonten können sich so potentielle Gleitflächen für Rutschungen bilden (Gasser/Zöbisch 1988: 13 ff.).

Meist treten Rutschungen in lockerem, wasserführendem Sand, lockeren Gemischen aus Sand, Kies und Schluff auf steifem Ton sowie weichen, rissigen Tonen auf. Ebenso können „Tone mit ausgedehnten oder taschenförmigen Zwischenlagern von Sand oder Schluff" (Gasser/Zöbisch 1988: 16) Ursache für Rutschungen sein.

3.3 Klimatologische, hydrologische und glaziologische Ursachen

Für verschiedene Bewegungen werden häufig klimatologisch-meteorologische Ereignisse als Ursache angesehen. Allgemein besteht hier jedoch ein Zusammenhang von meteorologischen zu hydrologischen bis hin zu glaziologischen Ursachen (Zepp 2008: 106).

Im Hochgebirgsraum können beispielsweise Muren, sowohl in Folge von kurzen Starkniederschlägen mit hoher Intensität entstehen, als auch durch Landregen mit geringer Intensität und hoher Dauer (Dikau et al. 1996: 172, Fischer 1999: 88); wie in Folge sommerlicher Gewitter bzw. Starkregen. Bei derartigen Niederschlägen kann die Infiltrationskapazität des Bodens nicht genutzt werden, sodass es zu einem vermehrten Oberflächenabfluss kommt, der sich in Rinnen konzentriert und dementsprechend Material erodiert (Fischer 1999: 87). Durch Hagel kann die Erosionsleistung noch weiter verstärkt werden (ebd.).

Ebenfalls können langanhaltende Niederschläge die Infiltrationskapazität überschreiten, sodass instabile Hänge aktiviert werden und somit Schutt in Bachläufe gelangen kann.

(Fischer 1999: 88). Eine plötzliche Schneeschmelze hat einen für Murgänge eher vorbereitenden Charakter, wenn hierdurch der Untergrund gesättigt wird (ebd.).

Durch fließendes Wasser können Hänge, durch Erosion soweit deformiert werden, dass eine Hanginstabilität provoziert wird.

Dementsprechend sind auch für andere Rutschungsphänomene überwiegend hydrologische Ursachen anzunehmen (Zepp 2008: 106): wie der Hangwasserhaushalt aber auch Grundwasserschwankungen, z.B. durch anthropogenen Einfluss (ebd.).

Wird ein positiver Porenwasserdruck erreicht, in dem eine Wassersättigung der Poren bzw. des Materials durch Niederschläge entsteht und sich Teile der Gewichtskräfte auf das Wasser übertragen, erfahren die Bodenpartikel Antriebskräfte (ebd.) und der Hang wird instabil. Schwankungen des Bodenwassers bzw. Bodenfeuchtigkeit können ein Quellen der Tonminerale hervorrufen und somit Rutschungen wie Rotations- und Translationsrutschungen aber auch Versatzdenudation hervorrufen, kommen aber auch bei Sturzdenudationen als Ursache in Frage (Dikau et al. 1996: 33).

Auch durch Klimaänderungen können Rutschungen vorbereitet und ausgelöst werden.

Durch das Steigen der Temperaturen und das damit verbundene Rückschreiten der alpinen Gletscher sowie das Auftauen des Permafrostes seit dem Spät- bzw. Postglazial, auch mit dem Einsatz der anthropogenen, globalen Erwärmung, wurden und werden Berg- und Felsstürze ausgelöst (Fischer 1999: 6).

Das Abschmelzen der Gletscher im Hochgebirge sorgt dafür, dass die durch Gletscher eingetieften Täler bzw. deren Hänge instabil wurden (Fischer 1999: 6, 35). Die Ursache liegt darin, dass der Gletscher dem übersteilen Hang zunächst ein natürliches Widerlager bot und somit als Abstützung diente (Fischer 1999:35). Nach Entfernung der Stütze kommt es zum Kollaps der Hänge (ebd.).

Auch das Auftauen der Permafrostböden des Alpenraumes kann Rutschungen auslösen. So kommt es durch das wiederholte Auftauen und Gefrieren zu einer Vergrößerung des Porenvolumens, was zu Hebung und Setzung des Materials führt (Fischer 1999: 14 ff.). Dies führt zu kriechendem Permafrost, also „lavastromartigen ‚Blockgletschern'" (Fischer 1999: 14), die sich, abhängig von der Hangneigung mit Geschwindigkeiten von wenigen Zentimetern bis hin zu einigen Dezimetern pro Jahr bewegen (ebd.).

Während der zuvor beschriebene Vorgang tageszeitlichen Temperaturschwankungen unterliegt, kann sich im jahreszeitlichen Bereich eine tiefer greifende Frostverwitterung, auch mit Bildung von Eislinsen entwickeln. Dies führt zu Rissbildungen und einer

Felszerstörung im tieferen Bereich und somit zur Instabilität des Hanges (Fischer 1999: 19).

Sowohl durch den Rückgang der Gletscher als auch durch das Auftauen des Permafrosts wird Lockermaterial als Schutt- und Moränenhalden freigegeben, was z.B. Murgänge begünstigen kann (Fischer 1999: 21) aber auch das grundlegende Material für Rotationsrutschungen liefert.

3.4 Auslösung von Rutschungen durch Erdbeben

Bodeneffekte wie Hangdeformationen werden auch durch Erdbeben ausgelöst. Wiederum sind auch hier der Wassergehalt, sowie der Wechsel von wasserdurch- und wasserundurchlässigen Schichten überwiegend verantwortlich.

Ist eine Trenn- bzw. Gleitfläche in einem Hang bereits vorgezeichnet, kann dort in Folge eines Erdbebens eine Hangbewegung ausgelöst werden. Durch den Rhythmus der Bewegung seismischer Wellen kann der Porenwasserdruck an der Gleitfläche vergrößert werden, ohne das zusätzliches Wasser hinzugefügt wird, wodurch die effektive Normalspannung im Gefüge abnimmt. Der Bewegungswiderstand wird abgesenkt wodurch letztendlich eine Rutschung ausgelöst wird (Schneider 2004: 137 ff.).

3.5 Hanginstabilität durch Erosion

Zur Hanginstabilität können Abtragungen sowohl am Hangfuß, als auch an seiner Oberfläche beitragen. Wird der betroffene Hang durch ein Fließgewässer oder an der Küste durch die Brandung unterspült, wird die Basis des Hanges geschwächt und das Hangende gerät in Bewegung (Dikau et al. 1996: 30 ff.). Auch eine Entlastung (bspw. durch Erosion oder Denudation) des betroffenen Blocks kann zur Auslösung führen da sich hierdurch die Auflagerkräfte und somit die Druckverhältnisse im Untergrund ändern (Dikau et al. 1996: 30).

3.6 Vegetation

Der Bewuchs eines rutschgefährdeten Hanges kann entscheidend auf die Hangstabilität wirken. Dichte Vegetation sorgt für einen Schutz der Oberfläche vor Erosion, in dem die Aufprallenergie des Niederschlages gesenkt wird (Gasser/Zöbisch 1988: 18). Pflanzenteile und oberflächennahe Wurzeln halten durch Interzeption einen Teil des versickernden Wassers auf und können durch die Kapillarwirkung einer Versickerung zum Teil entgegenwirken (ebd.). Tiefgreifende Durchwurzelung kann tieferliegende Bereiche entwässern und somit ebenfalls den Porenwasserdruck senken (Gasser/Zöbisch 1988: 19).

Die einzelnen Horizonte bzw. Schichten können ebenfalls durch tiefreichende Wurzeln verbunden werden und erfahren somit einen größeren Zusammenhalt (ebd.). Entfernung der Vegetation kann also als eine Komponente für eine Auslösung von Rutschungen angesehen werden.

3.7 Antropogene Einflüsse

Ursachen für Hangdeformationen können auch anthropogen sein. Diese reichen von Schäden durch land- und forstwirtschaftliche Nutzung bis hin zu bautechnischen Arbeiten und Abbau von Ressourcen.

Die Entwaldung eines Hanges kann dazu führen, dass die für die Hangstabilität positive Wirkung der Vegetation außer Kraft gesetzt wird (Gasser/Zöbisch 1988: 21).

Landwirtschaftliche Nutzung wie auch die Aufgabe von zuvor genutzen Flächen kann Rutschungen begünstigen (Gasser/Zöbisch 1988: 22f.) Der Viehtrieb in den Alpen richtet so beträchtlichen Schaden an: durch den Tritt der Tiere wird die Vegetation geschädigt und der Boden verdichtet sodass hier Angriffsflächen (Viehgangeln) für Erosionsprozesse geschaffen werden, die ihrerseits wiederum Rutschungen auslösen können (ebd.).

Baumaßnahmen bieten weiteres Gefahrenpotential. So gelten Einschnitte für den Tagebau, Straßenbau oder den Gleisbau an Hängen und Böschungen als Ursache. Hierdurch kann der Böschungsfuß geschwächt aber auch eine stauende Schicht angeschnitten werden, wodurch sich die Entwässungsverhältnisse des Bodens ändern können (Gasser/Zöbisch 1988: 25). Durch eine Überlastung des Böschungskopfes kann es ebenfalls zu Rutschungen kommen, wenn der Sicherheitsfaktor überschritten wird (Gasser/Zöbisch 1988: 26). Insbesondere Translationsrutschungen können durch Überlastung oder Unterschneidung in Folge von Baumaßnahmen entstehen (Dikau et al. 1996:67)

4 Verbreitung von Rutschungen in Mitteleuropa

Dass auch Teile Europas von Rutschungsereignissen gefährdet sind, zeigt ihre globale Verteilung (Abb. 6). So wurden im Jahr 2007 in Europa 17 Ereignisse mit insgesamt 28 Todesopfern registriert. Im globalen Vergleich (2007 insgesamt 394 Ereignisse mit 3017 Opfern) ist diese Zahl zwar verschwindend gering - entfallen lediglich 4,3% der Ereignisse bzw. 0,93% der Opfer auf Europa - so ist eine Gefährdung dennoch gegeben (SAARC 2007: 106).

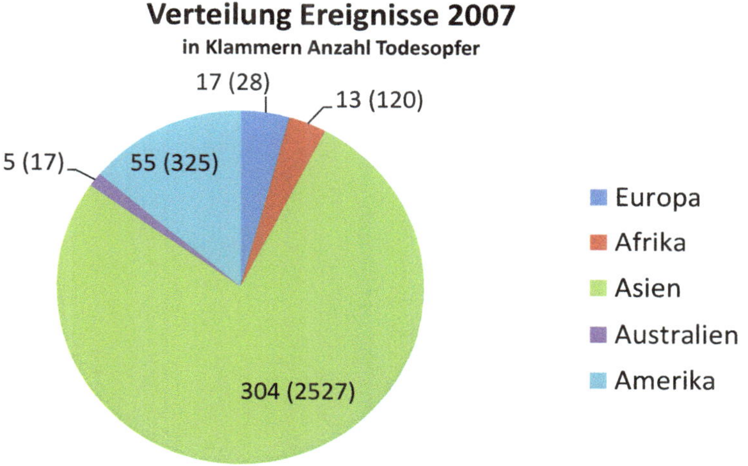

Abb. 6 Globale Verteilung von Rutschungen mit Todesfolge nach Kontinenten 2007 (eigene Darstellung nach SAARC 2007: 105).

Auf Mitteleuropa (hier: Deutschland, Polen, Österreich, Schweiz, Tschechien und Slowakei, sowie die Benelux-Länder) beschränkt, reduziert sich die Zahl der Großereignisse weiter und zwar insbesondere auf die Alpenländer (vgl. Tab. 2) und somit auf den Hochgebirgsraum aber auch die Mittelgebirgsräume (Krauter et al. 2004: 1).

Tab. 3: Große Rutschungsereignisse in Mitteleuropa neuster Zeit (eig. Darstellung nach EM-DAT 2011)

Datum	Land	Ort	Tote	ges. Betroffene	Finanz. Schaden in Mio. USD
14. Nov. 2002	Schweiz	Graubünden	1	231	180
31. Aug. 2002	Schweiz	Est	3	50	k.A.
13. Okt. 2000	Schweiz	Gondo (Valais)	16	1500	330
Apr. 1975	Österreich	Alpen	15	k.A.	k.A.
Dez. 1952	Österreich	k.A.	28	k.A.	k.A.

Für Deutschland, Polen, Tschechien, Slowakei und Benelux keine Angaben zu Großereignissen.

Neben diesen Ereignissen zeigen Beispiele aus der jüngeren Erdgeschichte aber auch aus jüngster Vergangenheit wie auch aktuelle Ereignisse, dass Rutschungen (auch in Deutschland) durchaus präsent sind. Abbildung 7 zeigt dazu die durch Rutschungen bedrohten Gebiete, wie Rügen, das Rheinische Schiefergebirge, den Schwarzwald sowie die Alpen.

Abb. 7: Durch Rutschungen gefährdete Gebiete Deutschlands (Quelle: Balzer et al. 2008: 4)

Wichtige Beispiele für Bergstürze größeren Ausmaßes in der Vergangenheit sind der Bergsturz bei Eibsee-Grainau bei dem sich $300 - 400 \times 10^6$ m³ an der Nordseite der Zugspitze lösten. Die Schuttmassen ergossen sich über 15 km² und über eine Distanz von ca. 9,5 km. Die Obergrenze der Ausbruchnische ist dabei nicht mehr zu ermitteln. Möglicherweise befand sich die Abbruchzone im Bereich eines ursprünglich höheren Gipfels (Fischer 1999: 32 ff.). Wurde dieser Bergsturz zunächst auf das Rückschmelzen der Gletscher ab dem spätglazial zurückgeführt, konnte der Bergsturz auf ein mittleres Alter von 3700 Jahre datiert werden (Fischer 1999: 35). Als Ursachen werden verschiedene Möglichkeiten wie Materialermüdung des Gesteins im Zusammenhang mit

Lastumlagerung, Frostwechsel in Schattenlagen mit zeitweise starkem Schmelzwas-
seranfall sowie Erdbeben angenommen (Fischer 1999: 37).

Aktuelles Beispiel für Rutschungen sind jene an der Steilküste Rügens. Hier brachen
die berühmten „Wissower Klinken" am 24.Februar 2005 spektakulär ab. Gut einen Monat später am 19. März 2005 rutschte ein Teil der Steilküste ab und zerstörte dabei Teile des dortigen Diakonie-Heims „Lohme" (Balzer et al. 2008: 6). In beiden Fällen sind
starke Niederschläge und Schneeschmelze als Auslöser anzusehen (ZDF 2011).

Dass Hänge der Mittelgebirgsräume betroffen sind, zeigen auch die Arbeiten von Krauter et al. (2003, o.J.). Exemplarisch angeführt seien hier die Deformationen an der Bun-
desautobahn A 62 Landstuhl – Trier (Abb. 8) (Krauter et al. 2004: 4) sowie der an der
Bahnstrecke bei Plünderich entlang der Mosel (Abb. 9) (Krauter et al. o.J.: 7). Im ersten
Fall bewegen sich etwa 700000 m³ Rutschmasse mit einer Rate von 1 – 2 cm/a (Krauter et al. 2004: 4). Im Zweiten ist die Bahntrasse durch eine Rutschung von rund
1,6 x 10⁶ m³ Volumen auf einer Länge von 200 m gefährdet (Krauter et al. o.J.: 7).

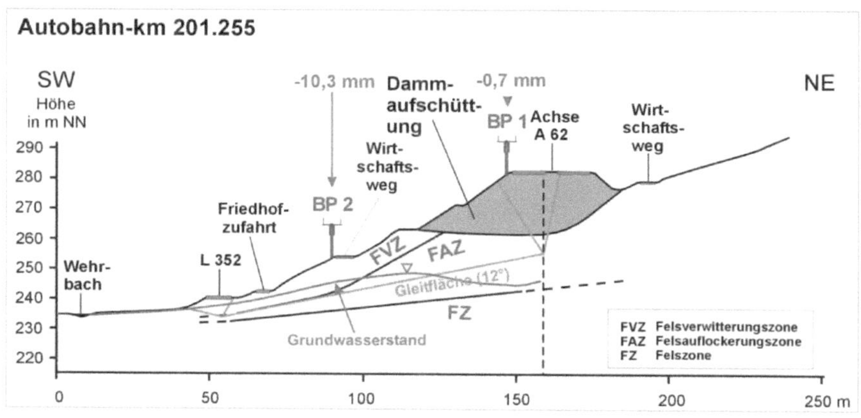

Abb. 8: Profil durch den gefährdeten Hang im Bereich der A 62 Landstuhl – Trier (Quelle: Krauter et al. o.J: 4).

Das Bayerische Landesamt für Umwelt hält im Rahmen des Bodeninformationssystems
bzw. des Geofachdatenatlas' eine Georisikenkarte (in diesem Fall Massenbewegungen)
für ganz Bayern als WMS-Service bereit (Abb.10). bei Betrachtung dieser Karten wird
Verbreitung von Rutschungen als Naturgefahr ebenfalls deutlich.

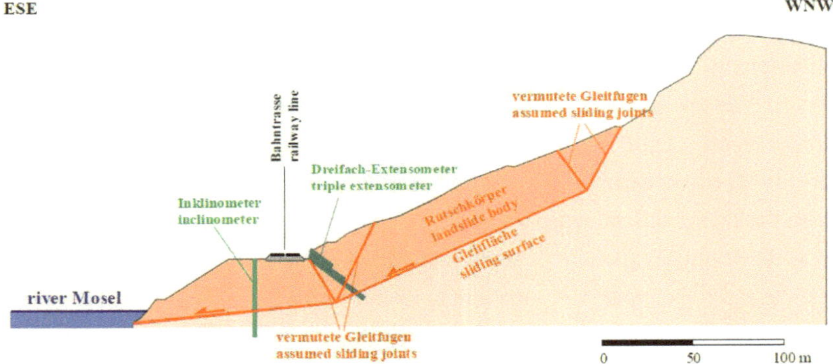

Abb. 9: Profil durch den gefährdeten Hang entlang der Bahntrasse bei Plünderich (Krauter et al. 2004: 8).

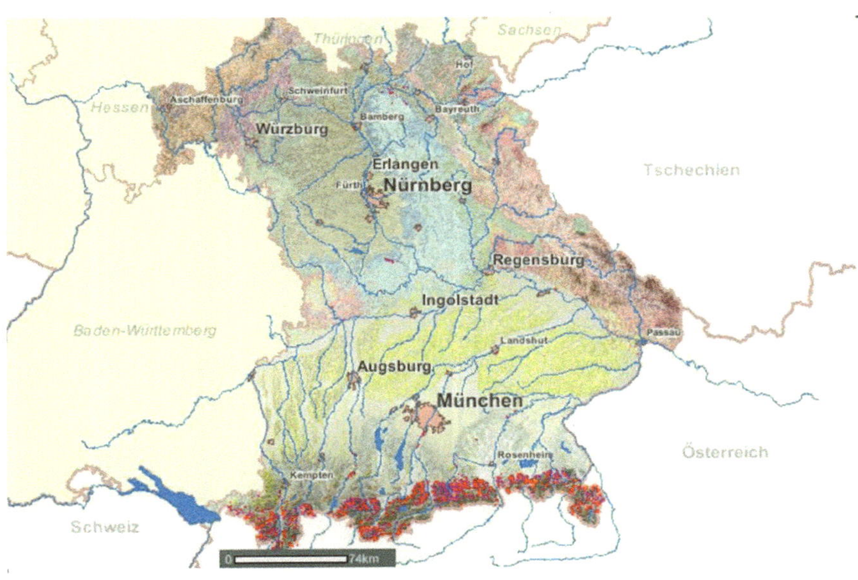

Abb. 10: Georisikenkarte "Massenbewegungen" Bayern. Markant rote Flächen stellen gefährdete Gebiete dar (Geofachdatenatlas Bayern 2011).

5   Rutschungen als Naturgefahr

Abhängig von der Art und Größe des Ereignisses können Rutschungen auf vielfache Weise zur Gefahr werden.

Werden selbst große Ereignisse in unberührten Gebieten meist nicht zur Kenntnis genommen, können in der Nähe von Menschen bzw. in Siedlungsnähe schon kleine Ereignisse zur Gefahr für Einzelne werden, sich aber auch für ganze Siedlungen in ebenso vielfacher Form – primär durch das Ereignis selbst, sekundär durch darauf Folgende – zur Gefahr entwickeln; wiederum abhängig von der Vulnerabilität der Population.

Im Folgenden sollen Gefahren durch Rutschungen an sich, sowie ihre sekundären Folgen kurz und anhand von Beispielen oder Szenarien skizziert werden.

5.1 Gefahren für einzelne Individuen

Kleine, räumlich stark begrenzte Ereignisse können zu Verletzungen von einzelnen Menschen oder kleinen Gruppen führen. Denkbar seien hier beispielsweise die Szenarien der von einem Murgang nach Starkregen betroffenen Wandergruppe in den Alpen oder ein durch Steinschlag entstandener Verkehrsunfall, aber auch verschüttete Personen im Tagebau oder durch Rutschungen in mangelhaft gesicherten Baugruben oder durch den Kollaps übersteilter Böschungen.

5.2 Zerstörung von Gebäuden und ganzen Siedlungen

Die Statistik untersuchter Gebäudeeinstürze zeigt, dass von 135 Ereignissen (evaluiert nach Berichten aus Italien, Frankreich, Großbritannien und Deutschland) 7% der zerstörten Gebäude auf Erdrutsche zurück zu führen waren (Gehbauer et al. 2001: 22 f.), was die somit zweitstärkste, natürliche Ursache für Gebäudeeinstürze darstellt (Abb. 11).

Abbildung 12 zeigt in diesem Zusammenhang zusätzlich inwiefern durch Erdrutsche die Struktur von Gebäuden beeinträchtigt werden kann, je nach Größe und Energie der Rutschung können so auch ganze Siedlungen zerstört werden (Casale/Margottini 1999: 14)

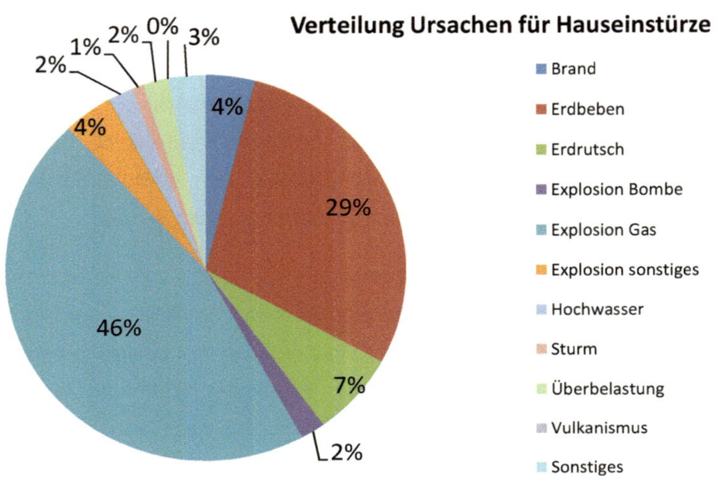

Abb. 11: Verteilung der Ursachen für Hauseinstürze (verändert nach Gehbauer et al. 2001: 22)

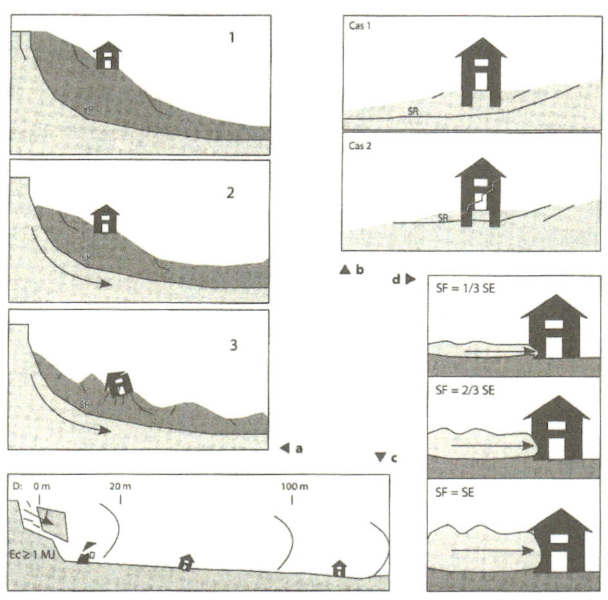

Abb. 12: Gefährdung von Gebäuden durch Rutschungen (Casale/Margottini 1999: 13).

5.3 Sekundäre Folgen

5.3.1 Einfluss auf kritische Infrastrukturen

Die Vulnerabilität der Gesellschaft steigt mit zunehmender Entwicklung, da die Gesellschaft immer stärker von Technologien und somit von Infrastrukturkomponenten abhängig wird. Eine Selbstversorgung Einzelner ist oft nicht gewährleistet.

Daher gehören alle Komponenten, die das Funktionieren einer Gesellschaft gewährleisten zu so genannten kritische Infrastrukturen (KRITIS) (BBK 2005: 1). Tab: zeigt hierzu eine Übersicht über die in Deutschland anerkannten und zu Schutzzielen erklärten Einrichtungen.

Tab. 4: Übersicht über KRITIS ind Deustchland (eig. Darstellung nach BMI o.J.: 8)

Technische Basisinfrastrukturen	Sozioökonomische Dienstleistungsinfrastrukturen
Energieversorgung	Gesundheitswesen, Ernährung
IuK-Technologie	Notfall-, Rettungswesen, KatS
Transport und Verkehr	Parlament, Regierung, öffentliche Verwaltung Justiz
(Trink-) Wasserversorgung und Abwasserentsorgung	Finanz-, Versicherungswesen
	Medien und Kulturgüter

Die Wirkung von Massenbewegungen ist auch hier wiederum vielfach. Nahezu alle der hier aufgeführten Bereiche können durch alle Arten von gravitativen Massenbewegungen betroffen sein.

Anhand der folgenden Szenarien sollen kurze Beispiele für die Verwundbarkeit einer entwickelten, aber abgelegenen Gesellschaft (bspw. Gemeinde) gegeben werden:

Werden wichtige Straßen unpassierbar, kann es zu Versorgungsengpässen kommen. Hierzu zählen neben der Versorgung mit Gütern, auch jene der Nofallvorsorge. Lokale Notfalleinheiten können bei einer solchen, oft unübersichtlichen (Groß-) Schadenslage schnell überfordert sein, weshalb eine überörtliche Hilfeleistung anlaufen muss. Diese wird jedoch durch die Rutschmassen stark behindert.

Da wichtige Ver- und Entsorgungsleitung (z.B. Gas- und Wasserleitungen), wie auch Telekommunikationsinfrastruktur, ebenfalls oft entlang von Verkehrswegen, unterhalb der Straßendecke verlegt werden, kann es, wenn die Straße direkt mit in die Rutschmasse eingebunden ist, neben den zuvor genannten Behinderungen des Verkehrs, auch zu Engpässen in der Versorgung oder sogar das Versagen der Versorgung mit

Energie (Elektrizität, Gas, Fernwärme) und Trinkwasser kommen. Durch gebrochene Gasleitungen kann es zu Bränden kommen; eine zusammengebrochene Stromversorgung kann, wenn beispielsweise Krankenhäuser betroffen sind, die Notfallvorsorge ebenfalls negativ beeinflussen.

Damit sind alle, die Infrastruktur betreffenden, denkbaren Szenarien noch lange nicht ausgeschöpft. Die von Rutschungen betroffenen Regionen sind daher auf ein spezifisches *Hazard assessment* bzw. eine Risikoanalyse angewiesen.

5.3.2 Durch Rutschungen ausgelöste Naturgefahren

Rutschungen im Bereich von Flusstälern können durch Absperren bzw. Hemmen des Abflusses das Gewässer aufstauen (Geipel 1992: 120, Fischer 1999: 37). Abhängig vom Relief, des Ausmaßes der Rutschung und des Abflussvolumens des Gerinnes, kann flussaufwärts ein Hochwasser mit weitreichenden Überschwemmungen induziert werden (Geipel 1992: 120, Dikau et al. 1996: 18).

Wird dieser Staudamm zunächst überspült und dann durch die darauffolgende Erosion zerstört, kann der erhöhte Abfluss zu Überschwemmungen flussabwärts führen.

Ergießen sich Rutschungsmassen in natürliche oder künstliche Seen, wie Stauseen, kann ein dadurch ausgelöster Tsunami an den Seeufern zu massiven Zerstörungen führen; insbesondere auch bei Stauseen durch Überspülen der Stauanlage oder Zerstörung durch Überlastung führen (Geipel 1992: 120).

Beispiel für das Anstauen eines Fließgewässers ist die Entstehung des Hintersees im Berchtesgadener Land durch einen Bergsturz im Hochkaltermassiv vor 3500 – 3600 Jahren (Fischer 1999: 37).

Beispiele für durch Rutschungen ausgelöste Überschwemmungen sind die Ereignisse von Veltlin 1987 (44 Tote), bei der die Adda aufgestaut wurde und die „Katastrophe von Longarone" (1963), bei der die, auf einen Bergsturz in den dortigen Stausee folgende Flutwelle, die gesamte Siedlung zerstörte und der 1896 Menschen zum Opfer fielen (Geipel 1992: 120).

6 Gefahrenabwehr

6.1 Vorbereitende Maßnahmen – Risikoanalyse und Risikomanagement

Die *Preparedness* der Bevölkerung ist für die Bewältigung von Schadenslagen unerlässlich.

Um das „vorbereitet sein" zu gewährleisten und zu dokumentieren, hat die *Ständige Konferenz der Innenminister* am 25. März 2002 im Zuge der „Neuen Strategie zum Schutz der Bevölkerung in Deutschland" (BBK/DST 2010: 16) eine einheitliche Gefährdungsabschätzung der für den Katastrophenschutz (KatS) zuständigen Landesbehörden in die Wege geleitet, welche durch die jeweiligen Bundesländer erarbeitet wurde.

Ähnliche Verfahren werden in der Schweiz, den Niederlanden sowie in Großbritannien für eine Risikoanalyse genutzt (BBK 2010: 21).

In dieser Risikoanalyse werden Ereignisse anhand bestimmter Parameter evaluiert. Die Auswahl des Ereignisses bzw. der Gefahr erfolgt anhand eines bundeseinheitlichen Kennziffernkatalogs (vgl. Tab. 5) und wird (z.B. durch die kommunalen Behörden) (BBK 2010: 23) in Form von Szenarien entwickelt, die oftmals konkret auf ein bekanntes, gefährdetes Objekt zielen (Krauter et al. o.J.: 5).

Die Entwicklung der Szenarien geschieht anhand von Referenzereignissen und/oder Statistiken. Dabei werden u.a. die räumliche Ausdehnung, die Intensität, die Dauer und der mögliche Zeitpunkt des Ereignisses (BBK 2010: 25 f.) sowie festgelegte Schutzgüter und -ziele berücksichtigt (BBK/DST 2010: 17). So wird dementsprechend das Gefahrenpotential (Schadensparameter: Mensch, Umwelt, Wirtschaft, Versorgung, Immateriell) festgestellt und die Eintrittswahrscheinlichkeit ermittelt (BBK 2010: 27 ff.). Das Ergebnis kann in einer Risikomatrix (Abb. 13) visualisiert werden, deren Klassifizierung zur Entscheidung über das weitere Verfahren zum Schutz bestimmter Objekte dient (Krauter et al. o.J.: 5).

Eine solche Risikoanalyse ist ein Teilaspekt des Risikomanagements, welches zum einen - die schon erwähnte - Analyse und Bewertung der Gefahr beinhaltet, zum anderen präventive und abwehrende Maßnahmen zur Risikoverminderung oder -vermeidung plant und umsetzt (BBK/DST 2010: 19).

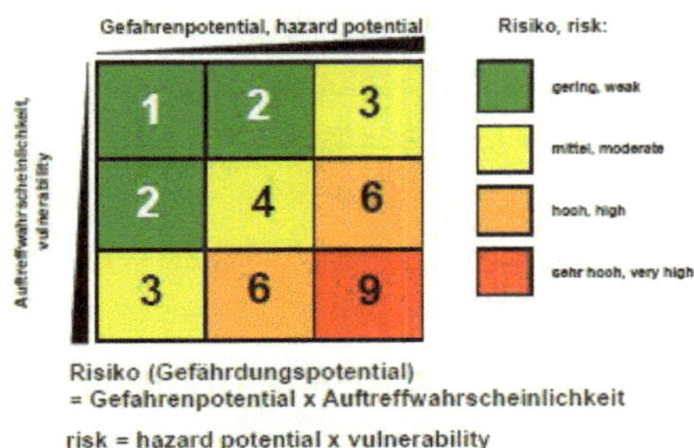

Abb. 13: Risikomatrix und Definition des Begriffs Risiko (Quelle: Krauter et al. 2004: 3)

Tab. 5: Kennziffernkatalog der bundeseinheitlichen Gefährdungsabschätzungen (Auszug, eig. Darstellung nach BBK 2010: 64).

Kennziffer	Überschrift/Beschreibung
3100	Gefahren und Anforderungen auf Grund von Naturereignissen und anthropogenen Umwelteinflüssen
3110	Extremwetterlagen
3111	Sturm/Orkan/Tornado
[...]	
3120	Erdbeben
3130	Erdbewegungen
3131	**Bergschäden/Erdsenkungen/Erdrutsche/Muren/Hangrutschungen**
3140	Flächenbrände (Waldbrand, Heidebrand, Moorbrand)
[...]	

Für Rutschungsereignisse werden für eine Gefährdungsabschätzung neben bereits vorhandenem Kartenmaterial zur Hangstabilität insbesondere „Analogieschlüsse von bereits eingetretenen Vorgängen, Stabilitätsberechnungen, Wahrscheinlichkeitsbetrachtungen und Simulationen [...]" (Krauter et al. o.J.: 5) genutzt und diese durch Ergebnisse permanenter Messungen vor Ort präzisiert. Geländebegehungen und Befliegung ermöglichen eine schnelle erste Einschätzung des Geländes (Krauter et al. 2004: 3). Als Sicherheitsreserve kann sich jedoch nicht alleine auf Modelle und Berechnungen verlassen werden. Die Erfahrung von Experten ist eine Grundvoraussetzung für eine Risikoanalyse und fließt in diese grundsätzlich mit ein (Krauter et al. 2004: 4).

Werden nun Messergebnisse mit Daten möglicher Auslösefaktoren (bspw. Klimadaten) korreliert (s. Abb.: 14) können daraus Schlussfolgerungen auf die jeweils aktuelle Lage

gefällt und die Risikoeinstufung variiert werden. Daraus können Strategien für Schutz-
maßnahmen entwickelt werden (Krauter et al. o.J.: 5).

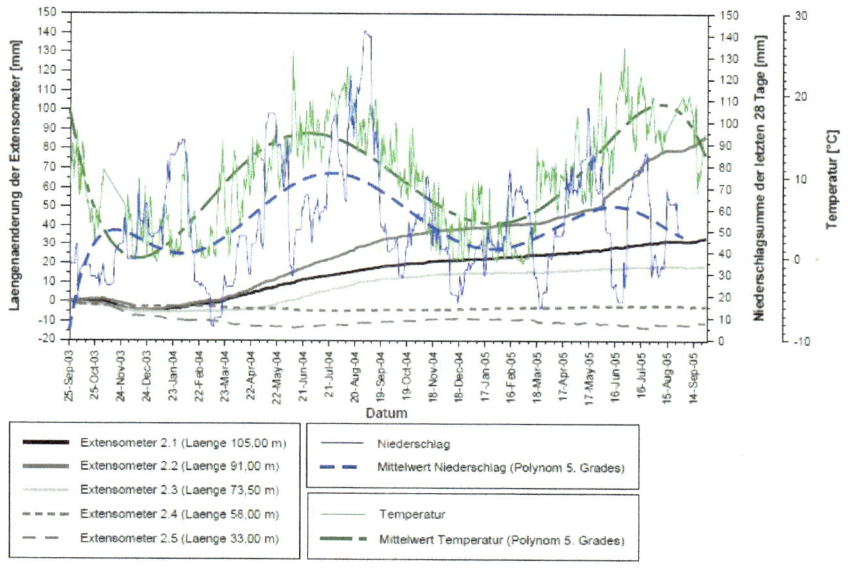

Abb. 14: Korrelation der Länge der Extensometer mit der Niederschlagssumme und der Temperatur (Quelle: Krauter
et al. o.J.: 3).

6.2 Monitoring

Zum Monitoring von potentiell instabilen Hängen in Form von Permanentmessungen
werden verschiedene Messgeräte und Methoden (auch kommerziell) angeboten. Diese
reichen, je nach Einsatzzweck, von Extensometern (Oberflächen- und Bohrlochexten-
someter) bis hin zu Fissurometern oder basieren auf einem Netz aus GPS-Empfängern
(Krauter et al. o. J.: 1/ Krauter et al. 2004: 5 ff.), sowie der neuartigen NPEMFE-
Methode, die auf einen natürlichen Elektromagnetismus unter Spannung stehender Mi-
nerale und Gesteine reagiert bzw. Veränderungen des elektromagnetischen Feldes
registriert (Krauter et al. 2004: 11). Diese können als in-situ Messung eingesetzt werden. Weiter existieren moderne Fernerkundungsmethoden. Letztere können z. B. in
Form von InSAR sowohl bodengebunden (Casagli et al. 2010: 291) als auch satelliten-
gestützt (Strozzi et al. 2005: 193) eingesetzt werden.

Insbesondere Fernerkundungsmethoden bieten Vorteile, da hier größere Flächen und auch unzugängliche Bereiche komplett abgedeckt werden können. Eine kleine zeitliche Auflösung bildet wiederum einen Vorteil für bodengebundene Geräte, da ein Satellit den beobachteten Bereich nur in bestimmten Zeitabschnitten überfliegt (Casagli et al. 2010: 291)

Diese verschiedenen Verfahren und Geräte werden (oft in Kombination mit Klimadaten) auch als Bestandteile von Frühwarnsystemen verwendet (Krauter et al. o. J.: 1).

6.3 Maßnahmen zur Hangstabilisierung

6.3.1 Abstützmaßnahmen und Hangsicherung

Je nach Einsatzzweck oder Art der Gefährdung kommen unterschiedlichste Maßnahmen zur Anwendung.

Durch Steinschlag gefährdete Hänge können beispielsweise mit Steinschlagnetzen oder Steinschlaggittern, die in der Felswand verankert werden, gesichert werden (Gasser/Zöbisch 1988: 92). Ebenso kann Rutschmaterial durch Fangwände, bspw. aus Holzbohlen oder Stahlplatten aufgefangen werden; dem gleichen Zweck können Zäune aus Kunststoffbändern dienen (Gasser/Zöbisch 1988: 94 f.).

Als Sofortmaßnahme bei Anbrüchen, wie sie beispielsweise durch Hilfskräfte errichtet werden können, dienen Hangböcke (s. Abb. 15)

Anbrüche und übersteilte Hänge können auch durch andere Konstruktionen wie Mauern aus Drahtschotterkästen, Trockensteinmauern oder Betonblöcken sowie Drahtskelettmanschetten, die ebenfalls in der Wand verankert werden (Abb. 16), gesichert werden (Gasser/Zöbisch 1988: 109).

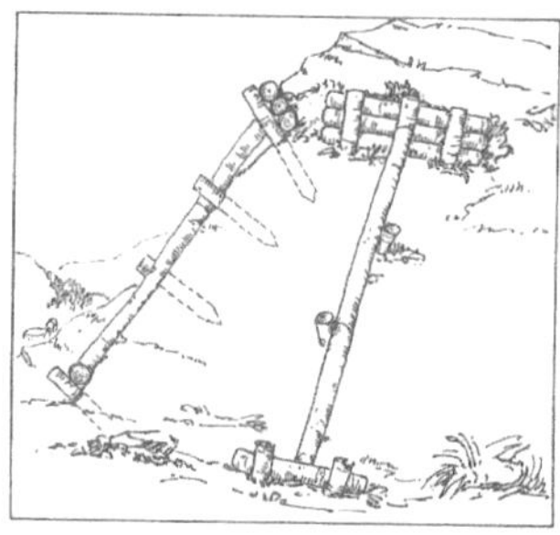

Abb. 15: Zeichnung eines Hangbocks zur Sicherung eines gefährdeten Hanges (Gasser/Zöbisch 1988: 96)

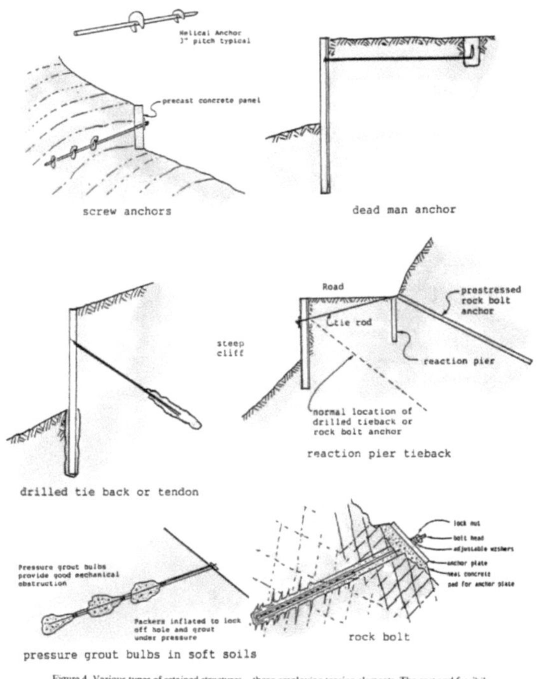

Figure 4. Various types of retained structures—those employing tension elements. The cost and feasibility of such structures is almost wholly dependent on drill rig access and drillability of the ground.

Abb. 16: Auswahl verschiedener, moderner Methoden der Hangsicherung mit Ankern und Dübeln (Quelle: Rogers 1992: 102)

6.3.2 Drainage von gefährdeten Hängen

Da der Wasserhaushalt in unterschiedlichster Weise beteiligt ist, kann auch eine Entwässerung des betroffenen Hanges eine denkbare Maßnahme sein.

Diese reicht von einfachen Gräben zur Oberflächenentwässerung, bei der eine Infiltration des Wassers vermindert werden soll (Gasser/Zöbisch 1988: 89) bis hin zu Rigolen aus Filterrohren, die das Bodenwasser auffangen und ableiten sollen.

Letztere Maßnahme wurde beispielsweise bei der Steilhangsanierung im Bereich der Rutschung bei Lohme auf Rügen durchgeführt (Abb.17). Hier soll eine weitere Rutschung verhindert werden, in dem durch eine 150 m lange Drainage der Hang entwässert werden soll (ZDF 2011).

Abb. 17: Drainage des instabilen Hanges auf Rügen (Quelle: Screenshot, ZDF 2011).

7 Fazit

Im Hochgebirge und in den Mittelgebirgsräumen Mitteleuropas, wie auch an den Steilküsten Deutschlands, stellen gravitative Massenbewegungen ein großes Gefährdungspotential dar.

Der umfangreiche Schatz an Bewegungsmustern sowie die Bandbreite der Ablaufgeschwindigkeit machen eine Vorsorge und Vorhersage oftmals schwer. Erschwerend kommt hinzu, dass die Bewegung oft nicht eigenständig sondern komplex abläuft und mehrere Bewegungsarten beinhaltet.

Oft werden Hänge erst dann als gefährdet eingestuft, wenn erste Anzeichen auf eine Massenbewegung hindeuten. Baumaßnahmen, falsche Landnutzung und Fehleinschätzung der Tragfähigkeit von Böden können Rutschungen auf vielfache Weise auslösen. Doch ist hier nicht der Mensch alleine verantwortlich. Spielen der Wasserhaushalt des Untergrunds und dessen Aufbau generell für die Mechanik einer Rutschung eine übergeordnete Rolle, können zusätzlich Erosion und Denudation Hänge schwächen und ebenfalls Rutschungen auslösen.

Ist eine Gefährdung erkannt, kann ein spezifischer Gefahrenabwehrplan im Rahmen des Risikomanagements erstellt werden. Ein Monitoring des Hanges kann dann auf verschiedene Art und Weise erfolgen. Hierbei bedarf es einerseits interdisziplinären Denkens aber auch Expertenwissen bzw. Erfahrung mit dem Thema.

Insgesamt bietet dieses Thema auf Grund der weiten Verteilung und der unterschiedlichen Gegebenheiten ein ebenso weites Arbeits- und Forschungsfeld - nicht nur in Europa sondern weltweit. So zeigte auch das umfassende Literaturangebot, wie es sich bei der Recherche auftat, dass dieses Problem weltweit vorhanden ist und auch erforscht wird. Auch wurde hier die Interdisziplinarität und Vielfalt der Möglichkeiten deutlich: sei es die Erkennung, das Monitoring, Raumplanung und Notfallvorsorge sowie Ingenieursleistung bei der baulichen Gefahrenabwehr.

8 Literaturverzeichnis

Balzer, D./Niedermeyer, R.-O./Tiepolt, L. (2008): Informationsveranstaltung: „Abbrüche und Rutschungen an der Steilküste Rügens – Möglichkeiten und Grenzen geologischer Gefährdungsabschätzung". Hannover: Geozentrum Hannover. < http://www.lung.mv-regierung.de/dateien/geo_vortrag_balzer.pdf > (abgerufen am 03.10.2011)

BBK (Hrsg.)(2005): Problemstudie: Risiken in Deutschland – Gefahrenpotentiale und Gefahrenprävention für Staat, Wirtschaft und Gesellschaft aus Sicht des Bevölkerungsschutzes – Auszug – Teil 2. Bad Neuenahr-Ahrweiler: Bundesamt für Bevölkerungsschutz und Katastrophenhilfe – Akademie für Krisenmanagement, Notfallvorsorge und Zivilschutz.

BBK (Hrsg.)(2010): Methoden für die Risikoanalyse im Bevölkerungsschutz. Bonn: Bundesamt für Bevölkerungsschutz und Katastrophenhilfe.

BBK/DST (Hrsg.)(2010): Drei Ebenen, ein Ziel: Bevölkerungsschutz – gemeinsame Aufgabe von Bund Ländern und Kommunen. Bonn, Köln: Bundesamt für Bevölkerungsschutz und Katastrophenhilfe u. Deutscher Städtetag.

BMI (Hrsg.) (o.J.): Umsetzungsplan KRITIS des Nationalen Plan zum Schutz der Informationsinfrastrukturen. Berlin: Bundesministerium des Innern.

Bobe, R./Hubacek, H. (1986²): Bodenmechanik. Berlin: VEB Verlag für Bauwesen.

Casale, R./Margottini C. (Hrsg)(1999): Floods and Landslides. Berlin, Heidelberg: Springer.

Casagli, N./Catani, F./Del Ventisette, C./Luzi, G. (2010): Monitoring, prediction, and early warning using ground-based radar interferometrie. In: Landslides, 7, 2010. 291 - 301.

Dikau, R./Brunsden, D./Schrott, L./Ibsen, M.-L. (Hrsg.)(1996): Landslide recognition: identifitation, movement and causes. Chichester: Wiley & Sons.

EM-DAT (2011): The International Disaster Database. Brüssels: Centre for Research on the Epidemiologie of Disasters.
< http://www.emdat.be/search-details-disaster-list > (abgerufen am 03.10.2011)

Fischer (Hrsg.)(1999): Massenbewegungen und Massentransporte in den Alpen als Gefahrenpotential. Relief, Boden, Paläoklima; Bd. 14. Berlin, Stuttgart: Borntraeger.

Gasser, W./Zöbisch, M. A.(1988): Erdrutschungen und Maßnahmen der Hangsicherung – ein Überblick. Witzenhausen: Selbstverlag des Verbandes der Tropenlandwirte.

Gehbauer, F./Hirschberger, S./Markus, M. (2001): Methoden der Bergung Verschütteter aus zerstörten Gebäuden. Bonn: Bundesverwaltungsamt – Zentralstelle für Zivilschutz.

Geipel, R. (1992): Naturrisiken: Katastrophenbewältigung im sozialen Umfeld. Darmstadt: Wissenschaftliche Buchgesellschaft.

Geofachdatenatlas Bayern (2011): Bodeninformationssystem Bayern – Fachthemen: Georisiken: Massenbewegungen. München: Bayerisches Landesamt für Umwelt.
< http://www.bis.bayern.de/bis/initParams.do > (abgerufen am: 03.10.2011)

Krauter, E./Feuerbach, J./Lauterbach, M. (2004): Risikoabschätzungen von Hangbewegungen und Schutzkonzepte. Mainz: geo-international GmbH.

Krauter, E./Lauterbach, M./Feuerbach, J. (o. J.): Hangdeformation – Beobachtungsmethoden und Risikoanalyse. Mainz: geo-international GmbH und Forschungsstelle Rutschungen e.V.

Rogers, J.D. (1992): Recent Developments in Landslide Mitigation Techniques. In: Johnson, J.A. (Hrsg.) (1992): Landslides/Landslide Mitigation: Reviews in Engineering Geology. Boulder (USA): GSA 95-118.

SAARC (2007): South Asia Disaster Report 2007. Neu Delhi: SAARC Disaster Management Centre.
< http://saarc-sdmc.nic.in/pdf/publications/sdr/chapter-10.pdf > (abgerufen am 03.10.2011)

Schmidt, P. (2007): Script zur Vorlesung Baukonstruktion – Einwirkungen auf Tragwerke. Siegen: Uni Siegen.
<http://www.unisiegen.de/fb10/subdomains/bauko/dateien/05_einwirkungen_teil_1.pdf > (abgerufen am 03.10.2011)

Schneider, G. (2004): Erdbeben – Eine Einführung für Geowissenschaftler und Bauingenieure. München: Elsevier.

stern.de (2011): Erdrutsch lässt Intercity entgleisen - 15 Verletzte.
< http://www.stern.de/panorama/erdrutsch-laesst-intercity-entgleisen-15-verletzte-1726656.html > abgerufen am (13.09.2011)

Strozzi, T. et al. (2005): Survey and monitoring of landslide displacement by means of L-band satellite SAR interferometry. In: Landslides, 2, 2005, 193 – 201.

ZDF 2011: Abenteuer Wissen - Steilhangsanierung in Lohme. Erstmals ausgestrahlt am 27.04.2011, 22.15 h.
<http://www.zdf.de/ZDFmediathek/beitrag/video/1319246/Steilhangsanierung+in+Lohme#/beitrag/video/1319246/Steilhangsanierung-in-Lohme> (abgerufen am 05.09.2011)

Zepp, H. (20084): Geomorphologie. Paderborn: UTB.